Sitzungsberichte
der Akademie der Wissenschaften
der DDR

Mathematik – Naturwissenschaften – Technik

14 N

1976

Armin Uhlmann

Zur Beschreibung irreversibler Quantenprozesse

AKADEMIE-VERLAG · BERLIN

Sitzungsberichte
der Akademie der Wissenschaften
der DDR
Jahrgang 1976 · Nr. 14/N
Mathematik — Naturwissenschaften — Technik

Armin Uhlmann

Zur Beschreibung irreversibler Quantenprozesse

AKADEMIE-VERLAG · BERLIN
1976

Vortrag von Armin Uhlmann,
Ordentliches Mitglied der Akademie
der Wissenschaften der DDR,
vor der Klasse Physik am 26. Februar 1976

Herausgegeben im Auftrage
des Präsidenten der Akademie
der Wissenschaften der DDR
von Vizepräsident Prof. Dr. Heinrich Scheel

Erschienen im Akademie-Verlag, 108 Berlin, Leipziger Str. 3–4

Lizenznummer: 202 · 100/187/76
Gesamtherstellung: VEB Druckhaus Köthen
Bestellnummer: 753 245 0/2010/76/14/N) · LSV 1115
Printed in GDR
DDR 3,– M

1. Einleitung

Wir wollen im folgenden quantenstatische Beschreibungen irreversibler Vorgänge diskutieren. Dabei gehen wir von der Frage aus, welchen allgemeinen Forderungen eine solche Beschreibung genügen muß und enden mit der kürzlich entdeckten allgemeinsten Form der (zeitlich homogenen und gedächtnislosen) M-Gleichung („master equation"). Dieses Programm ist einigermaßen vollständig bisher nur für physikalische Systeme gelöst worden, deren Zustände sich durch endlich-dimensionale Dichtematrizen charakterisieren lassen (N-Niveau-Systeme, Spin-Gitter-Systeme u.a.). Auf solche Systeme beschränken wir uns und verweisen überdies bezüglich der Beweise auf die Literatur. Wohl alle aufgeworfenen Probleme lassen sich wesentlich allgemeiner betrachten. Hierzu müßten jedoch mathematische Techniken eingesetzt werden, die auch heute noch unter den Theoretischen Physikern nur Spezialisten bekannt sind.

Die weiteren Ausführungen sind wie folgt gegliedert:

Im nächsten Abschnitt wird eine Ordnungsstruktur der Zustände (der Dichtematrizen) diskutiert, die beurteilen soll, wie gemischt ein Zustand ist. Dabei denkt man sich heuristisch, daß ein irreversibler Prozeß die Zustände des Systems in immer gemischtere (chaotischere) überführt. Die hier aufgeworfene Frage könnte auch so gestellt werden: Welche relative Lage haben zwei Zustände, von denen der zweite aus dem ersten als Resultat eines irreversiblen Prozesses hervorgegangen ist. Da es aber keine genügend allgemeine und genügend strenge Definition des Begriffes „irreversibler Quantenprozeß" gibt, ist es genauer, besagte Ordnungsstruktur zur strengen Definition einer Klasse solcher Prozesse zu benutzen. Dies wird im 3. Abschnitt ausgeführt, nachdem einige elementare Definitionen gegeben sind. Abgesehen von der Verknüpfung der im zweiten Abschnitt definierten Relation „gemischter als" mit dem Prozeßbegriff entspricht die Art und Weise der Definition und Behandlung von Prozessen, Prozeßdynamik und dynamischen Halbgruppen dem bei allen Evolutionsgleichungen Üblichen. Abschnitt 4 ist der vollständigen Positivität gewidmet, einer Forderung, die in der klassischen Statistischen Physik gegenstandslos ist und die ihren

Ursprung im Superpositionsprinzip der Quantentheorie hat. Im letzten Abschnitt wird schließlich unter der Voraussetzung der vollständigen Positivität die allgemeine Form einer zeitlich homogenen Prozeßdynamik aufgeschrieben.

2. Wie gemischt (chaotisch) ist ein Zustand?

2.1. *Dichtematrizen*

Wie schon in der Einleitung gesagt, betrachten wir hier den einfachsten Fall, der für quantenstatistische Problemstellungen möglich ist: Wir nehmen an, daß sich die Zustände unseres Systems durch endlich-dimensionale Dichtematrizen beschreiben lassen. Eine n-dimensionale *Dichtematrix* ist eine $(n \times n)$-Matrix ϱ, die positiv-semidefinit (d.h. hermitisch mit nur nichtnegativen Eigenwerten) und normiert ist:

$$\varrho \geq 0, \quad \text{Sp.}\, \varrho = 1. \tag{1}$$

Ist A eine beliebige $(n \times n)$-Matrix, so heißt die Zahl

$$\text{Sp.}\,(A\varrho)$$

Erwartungswert von A im Zustand ϱ. Dabei identifizieren wir die Dichtematrix ϱ mit dem *physikalischen Zustand*, der durch sie beschrieben wird und die Matrizen A, ... mit den *Observablen*. Die Tatsache, daß wir gewisse Matrizen einmal als Zustände und zum anderen als Observable interpretieren, bringen wir durch die verschiedene Schreibweise $\varrho, \omega, \sigma, \ldots$ bzw. $A, B, \ldots$ zum Ausdruck. Diese „Doppelrolle" der Matrizen ist eine zufällige Entartung, die bei komplizierteren, nicht mehr durch endlich-dimensionale Dichtematrizen beschreibbaren Systemen entfällt. Im allgemeinen sind die Begriffe „Zustand" und „Observable" zueinander „dual". Sind $\lambda_1, \lambda_2, \ldots$ die Eigenwerte einer Dichtematrix ϱ, so gilt

$$\lambda_j \geq 0, \qquad \sum \lambda_i = 1. \tag{2}$$

Ist $x_1, \ldots, x_n$ ein orthonormiertes System von Eigenvektoren von ϱ zu diesen Eigenwerten, so sagt man, der Zustand ϱ sei eine *Mischung* (à la Gibbs und von Neumann) der *reinen* Zustände $x_1, \ldots, x_n$ mit den *Gewichten* $\lambda_1, \ldots, \lambda_n$.

Andererseits entspricht jedem normierten Vektor x genau eine Dichtematrix σ, die durch $\sigma y = \langle x, y \rangle \cdot x$ definiert werden kann und die eindeutig den durch x definierten Zustand beschreibt. Es ist umgekehrt leicht zu sehen, daß eine Dichtematrix σ genau dann einen reinen Zustand beschreibt, wenn $\sigma^2 = \sigma$ ist und somit ihr Eigenwertsystem aus der Eins und aus

$n-1$ Nullen besteht. Entsprechen nun die Dichtematrizen $\sigma_1, \ldots, \sigma_n$ den Eigenvektoren $x_1, \ldots, x_n$ von ϱ, so gilt

$$\varrho = \Sigma \lambda_i \sigma_i. \tag{3}$$

Folgende einfache Verallgemeinerung liegt nun auf der Hand: Seien $\varrho_1, \varrho_2, \ldots, \varrho_m$ irgendwelche Dichtematrizen und gelte für die Zahlen $p_1, \ldots, p_m$

$$p_j \geq 0, \qquad \sum_i p_i = 1. \tag{4}$$

Dann ist auch

$$\omega = \sum p_j \varrho_j \tag{5}$$

eine Dichtematrix. Wir nennen ω eine ***Mischung*** (im Sinne von Gibbs und von Neumann) der Dichtematrizen $\varrho_1, \varrho_2, \ldots$ mit den *Gewichten* $p_1, p_2, \ldots$

2.2. *Die Beurteilung der Mischungsverhältnisse*

Üblicherweise sagt man von jeder Dichtematrix ϱ, die keinen reinen Zustand repräsentiert, sie sei gemischt. Kann man diese grobe Klassifizierung verfeinern? Kann man und mit welchem Recht von einem Zustand sagen, er sei gemischter als ein anderer? Um eine solche Verfeinerung zu finden, kann man sich einer einfachen Taktik bedienen, die aus drei Schritten besteht.

1. Schritt:

Seien ϱ, ω zwei Dichtematrizen. Wann werden wir sie als gleich stark gemischt anzusehen haben? Wenn die Antwort nur von ihrer Lage in der Menge aller Dichtematrizen abhängen soll, wird man sie als gleich gemischt ansehen, wenn sie durch eine Symmetrie ineinander überführbar sind. Jede eineindeutige affine Abbildung des Zustandsraumes (= der Menge aller Dichtematrizen, versehen mit der Operation des Mischens wie im obigen Abschnitt beschrieben) läßt aber das System der Eigenwerte einer Dichtematrix bis auf die Reihenfolge ungeändert. Das heißt eine Symmetrieoperation des Raumes der Zustände führt jede Dichtematrix in eine zu ihr unitär äquivalente über. Daher ist die folgende Festlegung völlig natürlich: Zwei Dichtematrizen ϱ, ω heißen genau dann *gleich stark gemischt*, wenn sie unitär äquivalent sind, d.h. wenn $\varrho = U\omega U^{-1}$ mit einer unitären Matrix U gilt.

2. Schritt:

Wir nennen die Dichtematrix ω *gemischter als* die Dichtematrix ϱ, wenn ω als eine Mischung

$$\omega = \Sigma p_j \varrho_j, \qquad p_i \geq 0, \qquad \Sigma p_k = 1 \tag{6}$$

von mit ϱ gleich stark gemischten Dichtematrizen dargestellt werden kann, d.h. wenn zusätzlich zu (6) noch

$$\varrho_j = U_j \varrho U_j^{-1} \tag{7}$$

mit unitären Matrizen U_j gilt.

Ist ω gemischter als ϱ, so schreiben wir hierfür kurz

$$\omega \succ \varrho . \tag{8}$$

Manchmal verwendet man auch die Ausdrucksweise „*chaotischer als*“ an Stelle von „gemischter als“.

Die Relation $\succ$ ist transitiv. Weil nämlich die unitären Matrizen eine Gruppe bilden, folgt aus $\omega \succ \varrho$ und $\varrho \succ \tau$ stets $\omega \succ \tau$.

3. Schritt:

Hier müssen wir nun wieder auf Schritt 1 zurückkommen. Sind ω und ϱ gleich stark gemischt, so gilt sowohl $\omega \succ \varrho$ als auch $\varrho \succ \omega$. Aber auch die Umkehrung dieses Sachverhalts gilt, so daß wir folgende Aussage haben.

Genau dann gilt sowohl $\omega \succ \varrho$ als auch $\varrho \succ \omega$, wenn ω und ϱ gleich stark gemischt d.h. unitär äquivalent sind.

Die eingangs gestellte Frage kann also so beantwortet werden: Der Zustand ω ist genau dann gemischter als der Zustand ϱ, wenn Zahlen p_j und unitäre Matrizen U_j so gefunden werden können, daß (6) und (7) gilt.

Man kann $\succ$ als eine Halbordnung der Klassen unitär äquivalenter Dichtematrizen betrachten, durch die die Menge dieser Klassen zu einem Verband wird.

Die Relation $\succ$ wurde in [18], [19] und [20] eingeführt. Unendlichdimensionale Dichtematrizen wurden in [1] und [22] untersucht. Verallgemeinerungen auf die Zustände von W^*-Algebren finden sich in [1], [2], [21] und [23]. Eine Einführung und Zusammenhänge mit anderen Fragestellungen finden sich in [17].

In der angegebenen Literatur finden sich auch die folgenden Kriterien und Beispiele.

2.3. Ein Kriterium

Seien ω, ϱ zwei Dichtematrizen und seien

$$\mu_1 \geq \mu_2 \geq \cdots \mu_n \quad \text{bzw.} \quad \lambda_1 \geq \lambda_2 \geq \cdots \geq \lambda_n \tag{9}$$

ihre sämtlichen Eigenwerte jeweils in geordneter Reihenfolge.

Satz:

Jeder der drei folgenden Aussagen zieht die Gültigkeit der beiden anderen nach sich:

A. Es ist $\omega \succ \varrho$.

B. Es ist für alle $1 \leq j \leq n$

$$\sum_{i=1}^{j} \mu_i \leq \sum_{i=1}^{j} \lambda_i. \tag{10}$$

C. Es gibt eine Matrix t_{ij} mit

$$t_{ij} \geq 0, \qquad \sum_{i=1}^{n} t_{ij} = \sum_{j=1}^{n} t_{ij} = 1 \tag{11}$$

derart, daß gilt

$$\mu_i = \sum_{j=1}^{n} t_{ij} \lambda_j, \quad 1 \leq i \leq n. \tag{12}$$

Bemerkung: Eine Matrix, deren Matrixelemente die Eigenschaften (12) besitzen, heißt *bistochastisch* oder eine SCHUR-Matrix.

2.4. *Eine andere Methode zur Beurteilung des Mischungsgrades*

Sei F eine reellwertige Funktion, die auf der Menge aller Dichtematrizen erklärt ist. Eine solche Funktion heißt *konkav*, wenn aus

$$\varrho = \Sigma\, p_j \varrho_j, \ p_i \geq 0, \ \Sigma\, p_k = 1 \tag{13}$$

stets das Bestehen der „JENSENschen Ungleichung"

$$F(\varrho) \geq \Sigma\, p_j F(\varrho_j) \tag{14}$$

folgt.

Heuristisch ist klar, daß jede solche konkave Funktion eine Bewertung der Mischungsverhältnisse vornimmt. Ist nämlich z.B. $F(\varrho_1) = F(\varrho_2) = \cdots$, werden die ϱ_j also durch F gleich bewertet, so wird jede Mischung (13) wegen (14) von F höher bewertet.

Wie kann ein solches Vorgehen mit dem bisherigen in Einklang gebracht werden? Wenn wir fordern, daß im Sinne von 2.2 gleich stark gemischte Zustände gleich stark bewertet werden, so führt dies auf die zusätzliche Bedingung

$$F(\varrho) = F(U \varrho U^{-1}), \quad U \text{ unitär}, \tag{15}$$

an F. Eine Funktion, die für alle Dichtematrizen ϱ und alle unitären Matrizen U die Bedingung (15) erfüllt, heißt *unitär invariant* oder kurz, wenn keine Verwechslungen zu befürchten sind, *invariant*. Es gilt folgendes.

Satz:

Genau dann ist $\omega \succ \varrho$, wenn für alle auf der Menge der Dichtematrizen erklärten konkaven und invarianten Funktionen F die Ungleichung

$$F(\omega) \geq F(\varrho) \tag{16}$$

gilt.

Das berühmteste und wichtigste Beispiel einer konkaven, unitär invarianten Funktion auf dem Zustandsraum ist die Entropie

$$S(\varrho) = -\text{Sp.}\, \varrho \ln \varrho\,. \tag{17}$$

Insbesondere ist das Bestehen von

$$S(\omega) \geq S(\varrho) \tag{18}$$

notwendig aber keinesfalls hinreichend für das Bestehen von $\omega \succ \varrho$.

Bemerkung: Die Gesamtheit aller konkaven und invarianten Funktionen auf dem Zustandsraum erhält nan durch nachstehendes Vorgehen. Man wähle eine beliebige symmetrische und auf $0 \leq \lambda_j \leq 1$ definierte konkave Funktion $f = f(\lambda_1, \lambda_2, \ldots, \lambda_n)$ der reellen Zahlen $\lambda_1, \ldots, \lambda_n$ und setzt

$$F(\varrho) = f(\lambda_1, \lambda_2, \ldots, \lambda_n)$$

falls $\lambda_1, \lambda_2, \ldots, \lambda_n$ die sämtlichen Eigenwerte von ϱ sind.

Nun folgen einige Beispiele.

2.5. *Ein Beispiel: Messungen, Reduktion des Zustandes*

Der Meßprozeß in der Quantentheorie führt bekanntlich aus den reinen Zuständen heraus auf gemischte Zustände. Wird dabei ein gegebener reiner Zustand durch den normierten Vektor x repräsentiert und ist A eine Observable, so ist das Resultat des Meßprozesses eine Gibbs-von Neumannsche Gesamtheit, die so bestimmt wird: Man entwickelt x nach einem vollständigen Orthonormalsystem $x_1, \ldots, x_n$ von Eigenvektoren der Matrix A

$$x = \Sigma\, c_j x_j$$

und setzt

$$p_j = |c_j|^2$$

für die Wahrscheinlichkeit, daß der reine Endzustand x_j vorliegt. Ist $Ax_j = a_j x_j$, so wird somit der Meßwert a_j mit der a priori Wahrscheinlichkeit p_j erhalten. Sind daher $\sigma, \sigma_1, \sigma_2, \ldots$ die Dichtematrizen, die den Vektoren $x, x_1, x_2, \ldots$ nach Abschnitt 2.1 zugeordnet sind, so bewirkt der Meßprozeß die Substitution

$$\sigma \rightarrow \Sigma\, p_j \sigma_j, \qquad p_j = |c_j|^2$$

und dies können wir gleichberechtigt auch

$$\sigma \to \Sigma\, \sigma_j \sigma \sigma_j \tag{19}$$

schreiben. Wir können (19) als das Zurückführen des Meßprozesses auf „Ja-Nein-Fragen" ansehen.

Man kann nun schließen, daß (19) richtig bleibt, wenn der Ausgangszustand σ nicht rein sondern beliebig gemischt war. Endlich muß alles noch genauer behandelt werden, wenn die Observable entartet war, also z.B. $a_1 = a_2$ galt.

Satz:

Seien die Observablen $P_1, \ldots, P_m$ ein vollständiges System von „Ja-Nein-Fragen", die untereinander unabhängig sind

$$\Sigma\, P_j = 1, \qquad P_k^2 = P_k, \qquad P_i P_j = 0 \quad \text{für } i \neq j. \tag{20}$$

Der durch dieses Observablensystem bestimmte Meßprozeß führt dann den Zustand ϱ in den Zustand

$$\varrho' = \Sigma\, P_j \varrho P_j \tag{21}$$

über („Reduktion des Zustandes"). Dabei gilt stets

$$\varrho' \succ \varrho. \tag{22}$$

Zum ersten bemerken wir zu obigem Satz, daß Messungen nicht das Vorhandensein eines reinen Zustandes voraussetzen und ein solcher tatsächlich auch nur in den seltensten Fällen angenähert hergestellt werden kann. Zum anderen ist mit dem Meßprozeß ein Einwirken auf das System verbunden und dieses Wirken kann den ursprünglichen Zustand bekanntlich erheblich verändern. Uns interessierte hier nur ein spezieller Aspekt:

Beim Meßprozeß findet eine Einwirkung von außen statt, wobei der resultierende Zustand stets stärker gemischt ist als der Zustand vor der Messung. Hierbei ist der Fall, daß beide Zustände gleich stark gemischt sind, mit eingeschlossen. Er tritt genau dann ein, wenn ϱ mit allen Projektoren P_j vertauscht.

2.6. Ein Beispiel: Gibbs*sche Gesamtheiten*

Seien A und B zwei hermitische Matrizen. Wir betrachten die Dichtematrizen

$$\omega = \frac{\exp(-A)}{\mathrm{Sp.}\exp(-A)}, \qquad \varrho = \frac{\exp(-B)}{\mathrm{Sp.}\exp(-B)}. \tag{23}$$

Satz:

Seien

$$a_1 \geq a_2 \geq \cdots \quad \text{bzw.} \quad b_1 \geq b_2 \geq \cdots \tag{24}$$

sämtliche Eigenwerte der Matrix A bzw. B. Ist dann

$$a_i - a_{i+1} \leq b_i - b_{i+1} \quad \text{für } 1 \leq i \leq n - 1 \tag{25}$$

so gilt für die nach (23) definierten Dichtematrizen

$$\omega \succ \varrho .$$

Folgerung:

Sei H eine hermitische Matrix (HAMILTON-Operator) und

$$A = (kT)^{-1} H, \qquad B = (kT')^{-1} H. \tag{26}$$

Dann gilt $\omega \succ \varrho$ für die nach (23) definierten Zustände falls

$$T \geq T' \geq 0 \quad \text{oder} \quad 0 \geq T' \geq T \tag{27}$$

gilt.

Bemerken wir noch für später, daß die Dichtematrix

$$\varrho_\infty = (n)^{-1} 1, \tag{28}$$

wobei 1 die n-dimensionale Einheitsmatrix ist, unter allen n-dimensionalen Dichtematrizen die am stärksten gemischte ist;

$$\varrho_\infty \succ \varrho \quad \text{für alle } \varrho, \tag{29}$$

ϱ_∞ kann als „Mittelpunkt" des Zustandsraumes interpretiert werden — im Gegensatz zu den reinen Zuständen, die seinen extremen Rand bilden. ϱ_∞ bezeichnet bezüglich jedes HAMILTON-Operators das zu $T = \infty$ gehörende GIBBSsche Ensemble und seine Existenz ist eine Besonderheit der endlichdimensionalen Dichtematrizen (und der Zustandsräume der VON NEUMANN-Algebren vom Typ II_1).

2.7. *Noch ein mathematisches Resultat* [22]

Ist f eine auf dem Intervall $0 \leq \lambda \leq 1$ erklärte Funktion und ist $\varrho = \Sigma \lambda_j P_j$ eine Spektralzerlegung der Dichtematrix ϱ, so sei die Matrix $f[\varrho]$ durch

$$f[\varrho] = \Sigma f(\lambda_j) P_j \tag{30}$$

erklärt.

Mit den eben eingeführten Bezeichnungen kann man folgenden Satz formulieren und beweisen:

Satz:

Ist f konkav und gilt $f(0) = 0$, so besteht für jede Dichtematrix ϱ die Beziehung

$$f[\varrho] \cdot (\mathrm{Sp.}\, f[\varrho])^{-1} \succ \varrho \,. \tag{31}$$

Wendet man diesen Satz z.B. auf die Funktion x^β mit $0 < \beta < 1$ an, so erhält man auf anderem Wege die unter 2.6 aufgeschriebene Folgerung.

2.8. *Verallgemeinerte Gleichgewichte* [16]

Verallgemeinerte Gleichgewichte werden in verschiedenen Zugängen zur Theorie der irreversiblen Prozesse benutzt. Wir begnügen uns hier mit ihrer Definition.

Seien $A_1, \ldots, A_m$ hermitische Matrizen, die wir als (z.B. makroskopische) Observable ansehen. Sie müssen nicht notwendigerweise untereinander kommutieren. Dann gibt man sich Erwartungswerte $a_1, \ldots, a_m$ vor und betrachtet die Menge M aller Dichtematrizen ϱ, die die vorgegebenen Erwartungswerte besitzen:

$$\varrho \in M \text{ bedeutet } \mathrm{Sp.}\,(A_j \varrho) = a_j, \ j = 1, \ldots, m \,. \tag{32}$$

Sind die vorgegebenen Erwartungswerte miteinander verträglich und M somit nicht leer, so untersucht man das Variationsproblem

$$S(\varrho) = \mathrm{Max!} \quad \text{mit } \varrho \in M \,. \tag{33}$$

Dank der Eigenschaften der Entropiefunktion hat dieses Extremalproblem im Endlichdimensionalen immer genau eine Lösung ω, die der *verallgemeinerte Gleichgewichtszustand* bezüglich der Bedingungen (32) heißt. Man sagt auch, ω sei von allen Zuständen aus M derjenige mit der minimalsten Information. Enthält M einen Zustand der Gestalt

$$\omega = D\,(\mathrm{Sp.}\, D)^{-1} \quad \text{mit } D = \exp\,(\mu_1 A_1 + \cdots \mu_m A_m) \,, \tag{34}$$

so ist es der verallgemeinerte Gleichgewichtszustand von M, d.h. der Zustand maximaler Entropie in M.

Es ist eine einfache Folgerung, daß die Lösung von (33) auch ein Zustand maximaler Mischung in M ist: Aus

$$\omega' \succ \omega, \quad \omega' \in M$$

folgt nämlich notwendigerweise

$$\omega' = \omega \,.$$

Im allgemeinen gibt es jedoch in M auch von ω verschiedene Zustände, die in diesem Sinn in M maximal gemischt sind.

3. Prozesse

3.1. Definition

Das Wort „Prozeß“ soll den zeitlichen Ablauf der Veränderungen eines physikalischen Systems beinhalten. Er wird durch die Angabe der Zustände, die das System durchläuft, und durch die zeitliche Abfolge dieser Zustände beschrieben.

Da wir die Zustände mit den (n-dimensionalen) Dichtematrizen identifiziert haben, ist ein Prozeß eine „Kurve“ in der Menge aller Dichtematrizen, d.h. eine Kurve im Zustandsraum. Hiernach ist ein *Prozeß* gegeben, wenn jedem Zeitpunkt $t \geq 0$ eine Dichtematrix $\varrho(t)$ zugeordnet ist:

$$t \to \varrho(t), \qquad t \geq 0. \tag{35}$$

Dabei werden in der Regel noch Annahmen über Stetigkeit, Differenzierbarkeit usw. dieser Abhängigkeit von t notwendig sein, die wir bei Bedarf stillschweigend voraussetzen.

Bemerken wir noch, daß man auch *diskrete* Prozesse betrachten kann, bei denen der Zeitparameter nur die diskreten Zeiten $t = 0, 1, 2, \ldots$ durchläuft. Das zufällige Wandern auf Gittern gibt hierfür wichtige Beispiele.

3.2. Ein Beispiel

Interessante Prozesse sind diejenigen, bei denen verallgemeinerte Gleichgewichte durchlaufen werden.

Seien $A_1, \ldots, A_m$ Observable, die auch noch explizit von der Zeit abhängen dürfen. Ist dann

$$t \to a_1(t), \ldots, a_m(t) \quad \text{für } t \geq 0 \tag{36}$$

der vorgegebene zeitliche Verlauf der Erwartungswerte, so bestimmt man $\varrho(t)$ gemäß 2.8 als Lösung der Extremalaufgabe

$$S(\varrho(t)) = \text{Max!}, \qquad \varrho(t) \in M_t \tag{37}$$

mit

$$\omega(t) \in M_t \text{ genau dann, wenn } \text{Sp.}\,(A_j\omega(t)) = a_j(t) \tag{38}$$

für $j = 1, \ldots, m$.

In vielen Fällen ist dabei die Zahl m der Observablen sehr klein gegen die Dimension n der Dichtematrizen, also z.B. $m/n \leq 10^{-20}$.

3.3. Asymptotische Zustände eines Prozesses

Die Idee der folgenden Betrachtungen geht auf POINCARÉ zurück. Jedoch ist hier nicht der Phasenraum (= Menge der reinen Zustände) sondern der

Zustandsraum (= Menge aller reinen und gemischten Zustände) der Ausgangspunkt.

Ein Zustand ω heißt *asymptotischer Zustand des Prozesses* $t \to \varrho(t)$, wenn ihm der Zustand ω für genügend große t beliebig nahe kommt. Mathematisch besagt dies, daß es zu jedem Zeitpunkt t_0 und jedem $\varepsilon > 0$ einen Zeitpunkt $t' > t_0$ so geben soll, daß

$$\|\omega - \varrho(t')\| < \varepsilon \tag{39}$$

gilt.

Bei dieser Definition wird nicht gefordert, daß $\varrho(t)$ dem Zustand von einem gewissen Zeitpunkt ab immer nahe sein soll. Im Gegenteil, man kann sich leicht vorstellen, daß der Prozeß in die Nähe eines asymptotischen Zustandes kommt, diesen danach verläßt, um sich einem anderen asymptotischen Zustand zu nähern usw. Ist z.B. der Prozeß periodisch in der Zeit, so ist sogar jeder der Zustände $\varrho(t)$, $t \geq 0$, auch ein asymptotischer Zustand dieses Prozesses.

Satz:

Jeder Prozeß besitzt mindestens einen asymptotischen Zustand.

Natürlich gibt es Prozesse, die genau einen asymptotischen Zustand besitzen. Ausgleichs- und Diffusionsvorgänge in thermodynamisch abgeschlossenen Systemen sind Beispiele für Prozesse, bei denen man ein derartiges Verhalten erwartet. Der Gleichgewichts- oder stationäre Zustand sollte dabei dieser einzige asymptotische Zustand des entsprechenden Prozesses sein. Da wir auf Grund unserer vereinfachenden Annahmen hier nur endlich viele diskrete Freiheitsgrade zugelassen haben, muß allerdings auch mit folgender Möglichkeit für derartige Prozesse gerechnet werden: Es existieren mehrere asymptotische Zustände, die jedoch makroskopisch praktisch nicht unterschieden werden können.

3.4. c-Prozesse [12]

Ein Prozeß $t \to \varrho(t)$, $t \geq 0$, heißt *c-Prozeß*, wenn stets

$$\varrho(t_2) \succ \varrho(t_1) \quad \text{für} \quad t_2 > t_1 \geq 0 \tag{40}$$

gilt. (Das „c" soll auf „concave" hindeuten.)

Die Bedingung (40) beinhaltet zweierlei. Einmal können zwei beliebige Zustände bezüglich der Relation $\succ$ miteinander verglichen werden. Dies ist im allgemeinen nicht so, da für zwei Zustände ein Teil der Ungleichungen (10) erfüllt, ein anderer Teil aber nicht erfüllt sein kann. Zum anderen ist durch (40) angezeigt, daß der Prozeß zu immer gemischteren Zuständen fortschreitet. Sind dabei nicht alle Zustände gleich stark gemischt (siehe weiter unten für eine Diskussion), so kann man an einem solchen Prozeß die Zeitrichtung „ablesen“.

Eine Anwendung des Kriteriums 2.3 ergibt leicht, daß bei einem c-Prozeß die der Größe nach geordneten Eigenwerte von $\varrho(t)$ für $t \to \infty$ konvergieren. Daher gilt der

Satz:

a) Ist ω ein asymptotischer Zustand des c-Prozesses $\varrho(t)$, so gilt für alle $t \geq 0$

$$\omega \succ \varrho(t).$$

b) Alle asymptotischen Zustände eiues c-Prozesses sind gleich stark gemischt (unitär äquivalent).

Dieser Satz unterstützt heuristische Vorstellungen über irreversibles Verhalten, weil die asymptotischen Zustände als die für große Zeiten „überlebenden“ am stärksten gemischt, chaotisch sind. Nicht weniger wichtig sind die Folgerungen aus 2.4 für c-Prozesse. Sie besagen, daß die Funktion

$$t \to F(\varrho(t))$$

für jede auf dem Zustandsraum definierte konkave und invariante Funktion F monoton wächst. (Konstanz ist zugelassen.) Insbesondere kann die Entropie beim Ablaufen eines c-Prozesses nicht fallen! Fragen wir uns noch, welche der in 3.2 genannten Prozesse c-Prozesse sind. Diese Frage kann wenigstens teilweise mit Hilfe des in 2.6 angeführten Satzes beantwortet werden. Liegt nur eine Observable vor ($m = 1$), so löst die Folgerung zu diesem Satz das genannte Problem vollständig. Die Herleitung weiterer allgemeiner Kriterien für diese Prozeßklasse, bei der nach bestimmten vorgegebenen Regimen Gleichgewichte durchlaufen werden, ist wünschenswert.

3.5. *Hamiltonsche und streng irreversible Prozesse*

Auf Grund ihrer Eigenschaften sind c-Prozesse Vorgängen in thermodynamisch abgeschlossenen Systemen ähnlich. Mehr noch, man kann vermuten, daß sehr viele Prozesse, die in thermodynamisch abgeschlossenen Systemen ablaufen, c-Prozesse sind. Allerdings ist es keinesfalls so klar, wie es im ersten Moment erscheinen könnte, was man in der Quantenstatistik unter einem solchen System zu verstehen hat. Bedenkt man die Ausführungen von Unterabschnitt 2.5, so wird klar, daß bereits das Problem, welche Messungen an einem System ausführbar sind, ohne daß dabei seine „Abgeschlossenheit“ zerstört wird, alles andere als evident ist. Weiterhin gibt es c-Prozesse, die eine gewisse „Offenheit“ des Systems im üblichen

Sinne voraussetzen: Die Folgerung aus 2.6 zeigt, da. eine quasistationäre Temperaturerhöhung einem c-Prozeß entspricht.

Aus dem eben Gesagten geht hervor, daß die Frage, ob ein Prozeß ein c-Prozeß ist oder nicht, ein Element einer neuen Klassifikation der allgemeinen Prozesse ist.

Diese Klassifikation wollen wir sofort noch einen Schritt weiter führen. Sind für einen c-Prozeß die Zustände $\varrho(t_1)$ und $\varrho(t_2)$ für zwei beliebige aufeinanderfolgende Zeiten $t_1 < t_2$ niemals gleich stark gemischt, so wollen wir diesen Prozeß *streng irreversibel* nennen. Ein solcher Prozeß zeigt eine besonders ausgeprägte Irreversibilität: Die Entropie steigt streng monoton an und konvergiert gegen den Wert, den die Entropie auf den asymptotischen Zuständen einnimmt.

Dieses Verhalten ist typisch für jede streng konkave und unitär invariante Funktion F auf dem Zustandsraum. Ist nämlich ω ein asymptotischer Zustand des streng irreversiblen Prozesses $\varrho(t)$, so gilt

$$F(\varrho(t_2)) > F(\varrho(t_1)) \qquad \text{für } t_2 > t_1 \tag{41}$$

$$F(\varrho(t)) < F(\omega) \qquad \text{für } t \geq 0. \tag{42}$$

Die konkave invariante Funktion F wird dabei genau dann als *streng konkav* bezeichnet, wenn neben dem Bestehen von (14) und (15) noch gilt:

$$F\left(\frac{1}{2}(\tau_1 + \tau_2)\right) = \frac{1}{2} F(\tau_1) + \frac{1}{2} F(\tau_2)$$

ist nur für

$$\tau_1 = \tau_2$$

möglich.

Ein Beispiel für eine streng konkave Funktion auf dem Zustandsraum ist wieder die Entropie. Für einen streng irreversiblen Prozeß ist daher die Entropie jedes asymptotischen Zustandes echt größer als die Entropie jedes Prozeßzustandes. Die Entropie jedes asymptotischen Zustandes ist ferner das Supremum der Entropien der Prozeßzustände.

Das „Gegenteil" dieses Verhaltens tritt ein, wenn alle Zustände eines Prozesses $t \to \varrho(t)$ gleich stark gemischt sind. Dann nennen wir diesen Prozeß *Hamiltonsch*. Denn dann sind nach Unterabschnitt 2.2 alle seine Zustände untereinander unitär äquivalent und bei geeigneten Regularitätsannahmen kann der Prozeß als Lösung einer Differentialgleichung

$$i\dot{\varrho}(t) = H(t)\,\varrho(t) - \varrho(t)\,H(t)$$

mit hermitischem, jedoch im allgemeinen zeitabhängigem HAMILTON-Operator $H(t)$ aufgefaßt werden. Jedoch bestimmt ein einzelner Prozeß nicht die Gestalt von $H(t)$.

Unsere einfache Klassifikation schließt ein, daß ein allgemeiner c-Prozeß ein Prozeß ist, der stückweise streng irreversibel und stückweise Hamiltonsch ist.

3.6. *Vorläufiges zur Prozeßdynamik*

Im Bisherigen haben wir nur Einzelprozesse behandelt und dabei an einen bestimmten zeitlichen Ablauf in einem physikalischen System gedacht.

Das Wort „Dynamik" wollen wir nun ganz allgemein für solche Gleichungen, Vorschriften, Mechanismen usw. benutzen, die uns anzugeben gestatten, *welche* Prozesse von einem gegebenen physikalischen System unter gegebenen äußeren Einflüssen durchlaufen werden können.

Wir behandeln hier nur Systeme „ohne Gedächtnis". Bei diesen „geht" durch einen gegebenen Zustand genau ein Prozeß. Daher ist, wenn man für einen beliebigen Zeitpunkt t_0 den Zustand eines solchen Systems kennt, bereits der zeitliche Ablauf in diesem System, d.h. der Prozeßverlauf für $t \geq t_0$, bestimmt. Unter diesen Voraussetzungen ist für $t_2 \geq t_1$ der Zustand $\varrho(t_2)$ bereits durch den Zustand $\varrho(t_1)$ determiniert und wir können formal

$$\varrho(t_2) = \Phi(t_2, t_1) \cdot \varrho(t_1) \tag{43}$$

schreiben. Da die Operation Φ mit der Bildung von Gemischen (à la GIBBS und VON NEUMANN) verträglich sein soll, ist die Annahme, daß Φ eine affine Abbildung des Zustandsraumes in sich ist, sehr natürlich. Aus der Struktur der Menge aller Dichtematrizen folgt, daß wir dann Φ zu einer linearen Abbildung des Raumes aller Matrizen in sich fortsetzen können.

Wir fordern

a) Φ ist für $t_2 \geq t_1 \geq 0$ eine lineare Abbildung des Raumes aller $(n \times n)$-Matrizen in sich.

b) Φ führt für alle $t_2 \geq t_1 \geq 0$ Dichtematrizen in Dichtematrizen über.

c) Es gelte $\Phi(t, t)$ = identische Abbildung und für $t_3 \geq t_2 \geq t_1 \geq 0$ sei

$$\Phi(t_3, t_1) = \Phi(t_3, t_2) \cdot \Phi(t_2, t_1). \tag{44}$$

d) $\Phi(t_2, t_1)$ ist stetig in t_1 und t_2.

Gelten a) bis d), so heiße die Menge der Abbildungen

$$\Phi(t_2, t_1), \qquad t_2 \geq t_1 \geq 0 \tag{45}$$

eine *Prozeßdynamik*.

3.7. *Dynamische Halbgruppen*

Ist der äußere Einfluß auf ein System zeitunabhängig, so entsteht der wichtige Spezialfall, der nur von der Zeitdifferenz $t_2 - t_1$ abhängenden Prozeßdynamik $\Phi(t_2, t_1)$. Für HAMILTONsche Prozesse bedeutet dies die Zeitunabhängigkeit des HAMILTON-Operators. Hängt Φ nur von der Zeitdifferenz ab, so setzen wir

$$\Psi(t_2 - t_1) = \Phi(t_2, t_1), \qquad t_2 \geq t_1 \geq 0. \tag{46}$$

Damit nun Ψ gemäß (46) eine Prozeßdynamik definiert, müssen nach 3.6 folgende Bedingungen gelten:

a') $\Psi(t)$ ist für $t \geq 0$ eine lineare Abbildung aller $(n \times n)$-Matrizen in sich.

b') $\Psi(t)$ führt für $t \geq 0$ Dichtematrizen in Dichtematrizen über.

c') Es ist

$$\Psi(t) \cdot \Psi(t') = \Psi(t + t') \tag{47}$$

für $t \geq 0$ und $t' \geq 0$, und $\Psi(0)$ ist die identische Abbildung.

d') Für alle Matrizen A ist

$$\lim_{t \to 0} \Psi(t) \cdot A = A, \qquad t > 0. \tag{48}$$

Gelten a') bis d'), so heißt

$$\Psi(t), \qquad t \geq 0 \tag{49}$$

eine *dynamische Halbgruppe.*

Satz:

Ist $t \to \Psi(t)$ eine dynamische Halbgruppe, so existiert eine lineare Abbildung L aller Matrizen in sich derart, daß

$$L \cdot \varrho(t) = \dot{\varrho}(t) \tag{50}$$

genau dann für den Prozeß $t \to \varrho(t)$ gilt, wenn

$$\varrho(t) = \Psi(t) \cdot \varrho(0) \tag{51}$$

ist.

L heißt *Erzeugende* der dynamischen Halbgruppe $\Psi(t)$ und die Gl. (50) wird *M-Gleichung* („master equation") genannt.

4. Die vollständige Positivität

4.1. *Abbildungen des Zustandsraumes*

In 2.5 haben wir gesehen, daß im Sinne der Quantentheorie eine Messung eine Abbildung der Menge der Dichtematrizen in sich induziert, die die mathematische Formulierung der „Reduktion des Zustandes“ ist. Andere Abbildungen treten bei der Prozeßdynamik auf bzw. bei den dynamischen Halbgruppen. Für diese Abbildungen geben wir zunächst eine erste Klassifizierung, die die Besonderheiten solcher Abbildungen verdeutlichen soll. Da wir letztlich nur am Verhalten auf dem Zustandsraum interessiert sind, können wir, wie schon einmal bemerkt, uns auf lineare Abbildungen der $(n \times n)$-Matrizen beschränken.

Sei Φ eine lineare Abbildung der $(n \times n)$-Matrizen in sich. Eine solche Abbildung heißt

positiv, wenn das Bild $\Phi \cdot A$ jeder positiv halbdefiniten Matrix A wieder positiv halb-definit ist,

stochastisch, wenn Φ positiv ist und das Bild $\Phi \cdot \varrho$ jeder Dichtematrix ϱ wieder eine Dichtematrix ist und

bistochastisch oder auch *mischungsverstärkend*, wenn Φ stochastisch ist und für jede Dichtematrix ϱ die Beziehung

$$\Phi \cdot \varrho \succ \varrho$$

gilt.

Beispielsweise handelt es sich bei der Prozeßdynamik im allgemeinen um stochastische Abbildungen, während der Meßprozeß eine mischungsverstärkende (bistochastische) Abbildung bestimmt. Für eine dynamische Halbgruppe gibt es auch, abweichend von unserer Definition, Formulierungen mit lediglich positiven Abbildungen.

4.2. *Die Abbildungen der Observablen*

Zur Vollständigkeit bemerken wir hier, daß man auch von Transformationen der Observablen ausgehen kann. Dieser Standpunkt wäre dann „dual“ zu dem hier behandelten, der von der Transformation der Zustände ausgeht. Auch verschiedene Formen der „Aufteilung“ der Transformationen auf Zustände und Observable sind möglich (z. B. Wechselwirkungsbild und analoge Konstruktionen).

Wesentlich für den Übergang zu den Observablen ist folgender Sachverhalt: Zu jeder linearen Abbildung Φ der $(n \times n)$-Matrizen in sich gibt es genau eine lineare Abbildung $\Phi^{\otimes}$, die die zu Φ *adjungierte* Abbildung heißt und die durch die Beziehung

$$\text{Sp. } B(\Phi \cdot A)^* = \text{Sp. } A^*(\Phi^{\otimes} \cdot B) \tag{52}$$

definiert ist.

Hat Φ eine physikalische Interpretation als eine Operation auf den Zuständen, so kann $\Phi^{\otimes}$ physikalisch als eine Operation auf den Observablen gedeutet werden und umgekehrt.

Ist Φ positiv, so auch $\Phi^{\otimes}$. Ist Φ mischungsverstärkend, so auch $\Phi^{\otimes}$. Φ ist genau dann stochastisch, wenn $\Phi^{\otimes}$ positiv ist und die Anwendung von $\Phi^{\otimes}$ auf die Einheitsmatrix wieder die Einheitsmatrix ergibt.

4.3. Die vollständige Positivität

Das Superpositionsprinzip der Quantentheorie impliziert. daß die Positivität einer Abbildung eine zu schwache Forderung an eine Prozeßdynamik ist.

Um dies zu erklären, betrachten wir außer unserem ursprünglichen System, dessen Zustände durch Dichtematrizen ϱ, ω, ... beschrieben wird, noch ein zweites System, dessen Dichtematrizen ϱ', ω', ... seien. Wir können diese beiden Systeme als ein Gesamtsystem betrachten. Dann sind die KRONECKER-Produkte $\varrho \otimes \omega'$, ... Dichtematrizen des Gesamtsystems. Dies sind natürlich nicht alle seine Zustände, da auch gewisse Linearkombinationen $\Sigma \lambda_{ij} \varrho_i \otimes \omega'_j$ Dichtematrizen des Gesamtsystems bilden. Beschränkt man sich dabei aber auf die Linearkombinationen mit positiven Koeffizienten $\lambda_{ij} \geq 0$, so erhält man nicht alle Zustände des Gesamtsystems — im Gegensatz zu der entsprechenden Situation im Klassischen. Dieser Sachverhalt ist tatsächlich eine Folge des Superpositionsprinzips, das bewirkt, daß nicht jeder reine Zustand des Gesamtsystems ein Produktzustand $\sigma \otimes \sigma'$ ist (— wie dies in der klassischen Physik der Fall ist). Aus den genannten Gründen ist auch die durch

$$\tilde{\Phi} \cdot \Sigma \lambda_{ij} \varrho_i \otimes \omega'_j = \Sigma \lambda_i (\Phi \cdot \varrho_i) \otimes \omega'_j \tag{53}$$

definierte lineare Abbildung, die sich bezüglich unseres ursprünglichen Systems wie die positive (stochastische) Abbildung Φ verhält und die im zweiten Teilsystem „nichts“ bewirkt, keinesfalls immer positiv. Ist nun Φ ein Element einer Prozeßdynamik, so wollen wir $\tilde{\Phi}$ als das entsprechende Element einer Prozeßdynamik des Gesamtsystems betrachten für den Grenzfall unendlich schwacher Wechselwirkung zwischen beiden Teilsystemen. Dies können wir aber nur, wenn (53) positiv (und sogar stochastisch) ist. Man nennt nun die Abbildung Φ *vollständig positiv*, wenn jede nach obigem Rezept konstruierte Erweiterung $\tilde{\Phi}$ ebenfalls positiv ist.

Diese Forderung läßt sich auf die folgende einfache Form bringen: Die Abbildung Φ heißt *vollständig positiv* oder eine *CP-Abbildung*, wenn für jede Wahl von endlich vielen Matrizen $A_1, \ldots, A_m$ die aus den Matrizen

$$C_{ij} = \Phi \cdot (A_i A_j^*) \tag{54}$$

gebildete Blockmatrix

$$\begin{pmatrix} C_{11} & C_{12} & C_{13} & \cdots \\ C_{21} & C_{22} & \cdots\cdots & \\ \cdots\cdots & & & \\ \cdots\cdots & & & \end{pmatrix} \tag{55}$$

positiv halbdefinit ist.

Die Abkürzung „CP“ für „completely positive“ wird im Folgenden immer die Forderung nach vollständiger Positivität ausdrücken. Zum Beispiel ist eine dynamische CP-Halbgruppe eine dynamische Halbgruppe, deren Gruppenelemente vollständig positive Abbildungen des Zustandsraums in sich sind.

Unterstreichen wir schließlich nochmals, daß im Bereich der klassischen Statistischen Physik die Begriffe „Positivität“ und „vollständige Positivität“ übereinstimmen.

Der Begriff der vollständigen Positivität wurde in [24] und [25] eingeführt. Aus der inzwischen recht umfangreichen Literatur zu diesem Gegenstand nennen wir noch [3], [4], [11], [13], [14], siehe auch [5].

4.4. Ein Kriterium

Es gilt der folgende

Satz:

Genau dann ist die lineare Abbildung Φ der $(n \times n)$-Matrizen vollständig positiv, wenn man sie auf die Gestalt

$$\Phi \cdot A = \Sigma\, W_j^* A W_j \tag{56}$$

mit gewissen Matrizen W_1, W_2, ... bringen kann. Eine Abbildung dieser Gestalt ist genau dann stochastisch, wenn

$$\Sigma\, W_j W_j^* = 1 \tag{57}$$

und genau dann mischungsverstärkend (bistochastisch), wenn außer (57) noch

$$\Sigma\, W_j^* W_j = 1 \tag{58}$$

gilt.

Ein einfaches Kriterium für Mischungsverstärkung ist noch die Folgerung: Sei Φ eine stochastische CP-Abbildung. Genau dann ist Φ mischungsverstärkend (bistochastisch), wenn Φ die Einheitsmatrix auf die Einheitsmatrix abbildet.

Die Notwendigkeit dieser Bedingung ist physikalisch einleuchtend. Wir haben schon gesagt, daß die Matrix

$$\frac{1}{n} \cdot 1 = \varrho_\infty$$

die am stärksten gemischte Dichtematrix ist. Das Bild $\Phi \cdot \varrho_\infty$ von ϱ_∞ unter einer mischungsverstärkenden Abbildung kann also nicht stärker als ϱ_∞ gemischt sein und hieraus folgt $\Phi \cdot \varrho_\infty = \varrho_\infty$, weil ϱ_∞ mit allen unitären Operatoren vertauscht. Da die Entropie für ϱ_∞ und nur für ϱ_∞ ihr Maximum annimmt, können wir auch die mathematisch schwächere, physikalisch aber wichtigere Tatsache formulieren:

Satz:

Eine stochastische CP-Abbildung Φ ist genau dann mischungsverstärkend, wenn für alle Zustände ϱ

$$S(\Phi \cdot \varrho) \geq S(\varrho) \tag{59}$$

gilt, d.h. wenn Φ die Entropie keines Zustandes echt erniedrigt.

5. Die vollständig positiven dynamischen Halbgruppen

5.1. Die M-Gleichung (master equation)

Wenn man den sehr einleuchtenden Standpunkt vertritt, daß die Abbildungen einer Prozeßdynamik vollständig positiv sein müssen, so kann man für sie nach Satz 4.4 eine allgemeine Gestalt angeben. (Die Existenz eines Gegenbeispiels wäre offensichtlich von überragender Bedeutung für die Untersuchung der Grundlagen der Quantentheorie; denn es würde an der „orthodoxen Formulierung“ dieser Theorie rütteln!)

Besonders wichtig aber ist, daß man auch für die Erzeugende einer dynamischen CP-Halbgruppe eine allgemein gültige Form finden kann [8], [9], [10], [15], [6], [7].

Ehe wir dies angeben bemerken wir noch, daß die allgemeine Form der M-Gleichung nur unter der Voraussetzung der vollständigen Positivität bekannt ist. Ohne diese Voraussetzung ist eine vollständige Kennzeichnung der Erzeugenden dynamischer Halbgruppen nur für $n = 2$ (siehe [10]) gelungen. (Auch die Lösung des Falles $n = 3$ wurde angekündigt.)

Satz:

Sei L die Erzeugende der dynamischen CP-Halbgruppe $t \to \Psi(t)$. Dann stimmen die Prozesse

$$t \to \varrho(t) = \Psi(t) \cdot \varrho(0) \tag{60}$$

mit den Lösungen der M-Gleichung

$$\frac{d}{dt}\varrho = L \cdot \varrho \tag{61}$$

überein und L ist von der Form

$$L \cdot \varrho = \Sigma \left\{ V_j \varrho V_j^* - \frac{1}{2} \varrho V_j^* V_j - \frac{1}{2} V_j^* V_j \varrho \right\} + i[H, \varrho]. \tag{62}$$

Damit unter obigen Voraussetzungen sämtliche Prozesse (60) c-Prozesse sind, die Prozeßdynamik also mischungsverstärkend ist, ist notwendig und hinreichend, daß

$$\Sigma V \cdot V_j^* = \Sigma V_j^* V_j \tag{63}$$

gilt.

Eine identische Umformung des Ausdruckes (62) bringt L auf die manchmal nützliche Gestalt

$$L \cdot \varrho = \frac{1}{2} \Sigma \{[V_j \varrho, V_j^*] + [V_j, \varrho V_j^*]\} + i[H, \varrho]. \tag{62'}$$

5.2. Ein Beispiel: Prozesse und Gruppen unitärer Matrizen [9]

Sei G eine kompakte Gruppe unitärer $(n \times n)$-Matrizen und μ ein Wahrscheinlichkeitsmaß auf G. Dann ist

$$\varrho \to \Phi_\mu \cdot \varrho = \int_G U \varrho U^{-1} \mu(dU) \tag{64}$$

eine mischungsverstärkende Abbildung, die vollständig positiv ist. Sind μ und ν zwei Wahrscheinlichkeitsmaße auf G, so gilt für die Zusammensetzung zweier solcher Abbildungen

$$\Phi_\mu \cdot \Phi_\nu = \Phi_{\mu * \nu}, \tag{65}$$

wobei $\mu * \nu$ als Faltung der beiden Wahrscheinlichkeitsmaße wieder ein Wahrscheinlichkeitsmaß ist.

Ist daher

$$t \to \mu(t), \qquad t \geq 0, \tag{66}$$

bezüglich der Faltung eine Halbgruppe von Wahrscheinlichkeitsmaßen, so definiert

$$t \to \Phi(t) = \Phi_{\mu(t)} \tag{67}$$

eine mischungsverstärkende dynamische CP-Halbgruppe.

Betrachten wir noch zwei speziellere Fälle.

Ist μ_0 das auf die Identität von G konzentrierte DIRAC-Maß und μ ein beliebiges Wahrscheinlichkeitsmaß auf G, so definieren wir induktiv die Faltungspotenzen

$$\mu_{n+1} = \mu_n * \mu, \qquad \mu_1 = \mu. \tag{68}$$

Dann ist

$$\mu^t = \Sigma \frac{t^k}{k!} \mu_k \tag{69}$$

eine Faltungshalbgruppe und die durch sie gemäß (64) und (67) gegebene dynamische Halbgruppe definiert „POISSONsche Prozesse".

Das zweite speziellere Beispiel schreiben wir in Form einer M-Gleichung. Ist G eine LIE-Gruppe und ist $X_1, \ldots, X_r$ ein System von Erzeugenden der zugehörenden LIE-Algebra — alles in Form von $(n \times n)$-Matrizen aufgeschrieben —, so ist wegen

$$X_j^* = -X_j \tag{70}$$

für beliebige reelle $a_1, \ldots, a_r$ und eine beliebige positiv definite Matrix (c_{ik}); $i, k = 1, \ldots, r$, die Abbildung

$$L \cdot \varrho = \sum_{i,k} c_{ik}\{[X_i, X_k\varrho] + [\varrho X_i, X_k]\} + \sum_j \alpha_j[X_j, \varrho] \tag{71}$$

Erzeugende einer mischungsverstärkenden dynamischen CP-Halbgruppe. Die durch solche Halbgruppen gegebenen Prozesse werden auch „G-Diffusionsprozesse" genannt.

5.3. *Die Dissipationsfunktion* [15]

Der Differentialausdruck einer M-Gleichung, d.h. die Erzeugende einer dynamischen CP-Halbgruppe, besteht aus einem „HAMILTONschen Teil" der Form $i[H, \varrho]$ und einem dissipativen Anteil der Form

$$(2)^{-1} \sum\{[V_j\varrho, V_j^*] + [V_j, \varrho V_j^*]\}.$$

Diese Aufspaltung in einen HAMILTONschen und einen dissipativen Teil ist jedoch nicht eindeutig. Es ist daher interessant, eine Größe anzugeben, die ungeändert bleibt, wenn dem Operaror L ein neuer HAMILTONscher Teil zugefügt wird. Eine solche Bildung wird durch die JACOBIsche Identität für Kommutatoren (oder, weniger elementar, durch die algebraische Kohomolgietheorie) nahegelegt.

Sind A, B zwei beliebige Matrizen, so bilden wir den Ausdruck

$$D(L; A, B) = L \cdot (A^*B) - (L \cdot A^*)B - A^*(L \cdot B). \tag{72}$$

Satz:

Besitzt L keinen dissipativen Teil, so ist $D(L; A, B) = 0$. Unterscheiden sich zwei Erzeugende L und L' durch einen HAMILTONschen Teil,

$$(L - L') \cdot \varrho = i[H, \varrho], \tag{73}$$

so gilt

$$D(L; A, B) = D(L'; A, B). \tag{74}$$

Die explizite Ausrechnung liefert nun den Ausdruck

$$\begin{aligned} D(L; A, B) = {} & \Sigma (V_j A^* - A^* V_j) (B V_j^* - V_j^* B) \\ & - A^* \Sigma (V_j^* V_j - V_j V_j^*) B \end{aligned} \tag{75}$$

und für den zu L Adjungierten $L^{\otimes}$ (siehe Abschnitt 4.2) gilt die einfachere Formel

$$D(L^{\otimes}; A, B) = \Sigma (V_j^* A^* - A^* V_j^*) (B V_j - V_j B). \tag{76}$$

Aus (76) folgt die Ungleichung

$$D(L^{\otimes}; A, A) \geq 0. \tag{77}$$

Aus dem Satz 5.1 aber folgt: Genau dann, wenn die von L erzeugte CP-Halbgruppe auch *mischungsverstärkend* ist, gilt

$$D(L; A, A) \geq 0 \tag{78}$$

für alle A.

Man kann die Ungleichungen (77) bzw. (78) benutzen, um eine Halbordnung in der Menge der Erzeugenden dynamischen CP-Halbgruppen bzw. in der Menge der Erzeugenden bistochastischer dynamischer CP-Halbgruppen einzuführen.

Literatur

[1] ALBERTI, P. M.: Mixing of States of a Type-I-Factor, Preprint KMU-HEP-7305.

[2] ALBERTI, P. M.: On States of a Type II_1 Factor. Preprint KMU-QFT-7501

[3] ARVESON, W. B.: J. Funct. Analysis **15** (1974) 217.

[4] ARVESON, W. B.: Acta Math. **123** (1969) 141.

[5] CHOI, M. D., Can. J. Math. **24** (1972) 520.

[6] GORINI, V., und A. KOSSAKOWSKI: N-Level System in Contact with a Singular Reservoir, Preprint 1974.

[7] GORINI, V., A. KOSSAKOWSKI und E. C. G. SUDARSHAN: Completely Positive Dynamical Semigroups of N-Level Systems. Preprint ORO-3992-200, CPT 244.

[8] KOSSAKOWSKI, A.: Bull. Acad. Pol. Sci. **20** (1972) 1021.

[9] KOSSAKOWSKI, A.: Rep. Math. Phys. **3** (1972) 247.

[10] Kossakowski, A.: Bull. Acad. Pol. Sci. **21** (1973) 649.
[11] Kraus, K.: Ann. Phys. (N.Y.) **64** (1971) 311.
[12] Lassner, G., und Gi. Lassner: On the Time Evolution of Physical Systems, Preprint E 2-7537, Dubna 1973.
[13] Lassner, G., und Gi. Lassner: Completely Positive Mappings on certain Algebras, Preprint KMU-QFT-7504
[14] Lindblad, G.: Comm. math. phys. **40** (1975) 147.
[15] Lindblad, G.: Preprint TRISTA TFY-75-1
[16] Subarjev, D. N.: „Statistische Thermodynamik des Nichtgleichgewichts.“ Nauka, Moskau 1975 (in Russ.).
[17] Thirring, W.: „Vorlesungen über mathematische Physik“, Teil 8, Statistische Mechanik. Wien 1975.
[18] Uhlmann, A.: Wiss. Z. KMU, Leipzig **20** (1971) 633.
[19] Uhlmann, A.: Wiss. Z. KMU, Leipzig **21** (1972) 421.
[20] Uhlmann, A.: Wiss. Z. KMU, Leipzig **22** (1973) 139.
[21] Uhlmann, A.: Rep. Math. Phys. **7** (1975) 449.
[22] Wehrl, A.: Rep. Math. Phys. **6** (1974) 15.
[23] Wehrl, A.: Dichtematrizen in Quantensystemen bei unendlicher Temperatur, Preprint, Wien 1974.
[24] Stinespring, W. F.: Proc. Amer. Math. Soc. **6** (1955) 211.
[25] Umegaki, H.: Tôhoku Math. J. **7** (1955) 206.

Für interessante Diskussionen danke ich Frau Gi. Lassner, Herrn G. Lassner und Herrn P. Alberti, Leipzig, den Herren R. S. Ingarden und A. Kossakowski, Torún, und Herrn G. Lindblad, Stockholm.

FSC
www.fsc.org
MIX
Papier | Fördert gute Waldnutzung
FSC® C083411

Zeitfracht Medien GmbH
Ferdinand-Jühlke-Straße 7
99095 Erfurt, Deutschland
produktsicherheit@kolibri360.de